公路施工安全教育系列丛书——工种安全操作
本书为《公路施工安全视频教程》配套用书

施工现场临时用电

安全操作手册

广东省交通运输厅 组织编写
广东省南粤交通投资建设有限公司
中铁隧道局集团有限公司 主编

人民交通出版社股份有限公司
China Communications Press Co.,Ltd.

内 容 提 要

本书是《公路施工安全教育系列丛书——工种安全操作》中的一本，是《公路施工安全视频教程》（第五册 工种安全操作）的配套用书。本书主要介绍施工现场临时用电的相关内容，包括：临时用电简介，临时用电基本管理要求，电工及用电人员基本要求，变配电设施安全要求，配电线路架设要求，外电线路防护要求及用电设备安全要求等。

本书可供施工一线作业人员使用，也可作为相关人员安全学习的参考资料。

图书在版编目（CIP）数据

施工现场临时用电安全操作手册/ 广东省交通运输厅组织编写；广东省南粤交通投资建设有限公司，中铁隧道局集团有限公司主编. — 北京：人民交通出版社股份有限公司，2018.12

ISBN 978-7-114-15041-8

Ⅰ.①施… Ⅱ.①广… ②广… ③中… Ⅲ.①道路工程—施工现场—安全用电—手册 Ⅳ.①TM92.62

中国版本图书馆 CIP 数据核字（2018）第 226235 号

Shigong Xianchang Linshi Yongdian Anquan Caozuo Shouce

书　　名：施工现场临时用电安全操作手册
著 作 者：广东省交通运输厅组织编写
广东省南粤交通投资建设有限公司　中铁隧道局集团有限公司主编
责任编辑：韩亚楠　张征宇
责任校对：张　贺
责任印制：刘高彤
出版发行：人民交通出版社股份有限公司
地　　址：（100011）北京市朝阳区安定门外外馆斜街 3 号
网　　址：http://www.ccpress.com.cn
销售电话：（010）59757973
总 经 销：人民交通出版社股份有限公司发行部
经　　销：各地新华书店
印　　刷：北京建宏印刷有限公司
开　　本：880 × 1230　1/32
印　　张：1.625
字　　数：44 千
版　　次：2018 年 12 月　第 1 版
印　　次：2022 年 11 月　第 3 次印刷
书　　号：ISBN 978-7-114-15041-8
定　　价：15.00 元

编委会名单

EDITORIAL BOARD

《施工现场临时用电安全操作手册》编写人员

编　　　写： 熊祚兵　赵志伟　李　萍

校　　　核： 王立军　刘爱新

版 面 设 计： 王珍珍　任红美

致工友们的一封信

LETTER

亲爱的工友：

你们好！

为了祖国的交通基础设施建设，你们离开温馨的家园，甚至不远千里来到施工现场，用自己的智慧和汗水将一条条道路、一座座桥梁、一处处隧道从设计蓝图变成了实体工程。你们通过辛勤劳动为祖国修路架桥，为交通强国、民族复兴做出了自己的贡献，同时也用双手为自己创造了美好的生活。在此，衷心感谢你们！

交通建设行业是国家基础性和先导性行业，也是安全生产的高危行业。由于安全意识不够、安全知识不足、防护措施不到位和违章操作等原因，安全事故仍时有发生，令人非常痛心！从事工程施工一线建设，你们的安全牵动着家人的心，牵动着广大交通人的心，更牵动着党中央及各级党委、政府的心。为让工友们增强安全意识，提高安全技能，规范安全操作，降低安全风险，保证生产安全，我们组织开发制作了以动画和视频为主要展现形式的《公路施工安全视频教程》（第五册　工种安全操作），并同步编写了配套的《公路施工安全教育系列丛书——工种安全操作》口袋书。全套视频教程和配套用书梳理、提炼了工种操作与安全生产相关的核心知识和现场安全操作要点，易学易懂，使工友们能知原理、会工艺、懂操作，在工作中做到保护好自己和他人不受伤害。

请工友们珍爱生命，安全生产；祝福你们身体健康，工作愉快，家庭幸福！

广东省交通运输厅

二〇一八年十月

目录

CONTENTS

1 PART 临时用电简介

1.1 临时用电定义

临时用电是指工程建设期间，在施工现场使用电动设备和照明设备，进行的低压电力系统设计、安装、使用、维修和拆除等工作。

施 工 现 场

电动设备及照明

低压电力系统

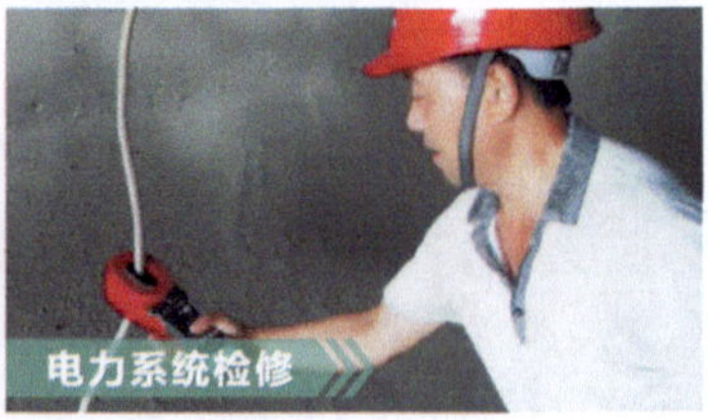
电力系统检修

1.2 临时用电主要设施及材料

临时用电主要设施及材料				
变压器	配电箱	电缆	电工工具	照明灯具
配电柜	开关箱	电线	电动工具	用电设备

变压器

配电箱

电缆

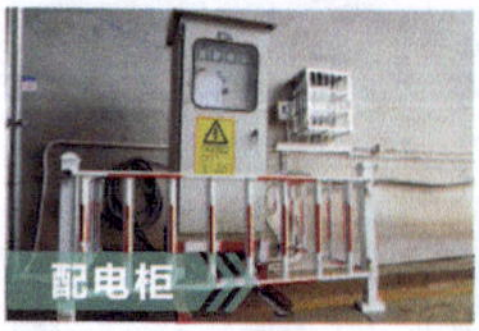
配电柜

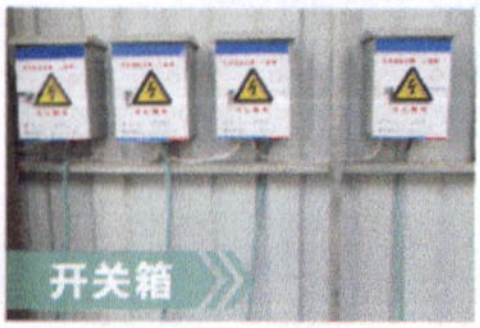
开关箱

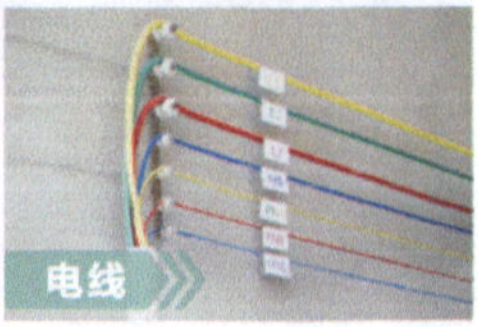
电线

电工扳手

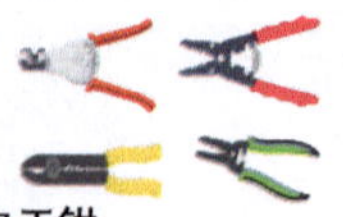
电工钳

验电器

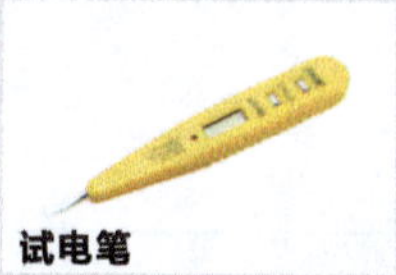
试电笔

旋具

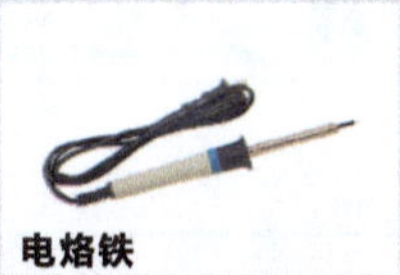
电烙铁

电工工具

水上平台照明

生活用电

水上施工船舶照明

隧道照明

照明灯具

冲击钻

打磨机

手持钢筋弯曲机

振捣棒

电动工具

1.3 供电系统

采用电源中性点直接接地的220/380V三相五线制低压电力系统，必须符合

- **采用三级配电系统** → 三级配电：在总配电箱下设分配电箱，分配电箱以下设开关箱，开关箱以下接用电设备，形成三级配电。
- **采用TN-S接零保护系统** → TN-S接零保护系统：TN-S接零保护是指电源的一点与大地直接连接，外露导电部分通过与接地的电源中性点连接而接地。
- **采用两级漏电保护系统** → 两级保护：除在末级开关箱内加装漏电保护器外，还要在总配电箱中再加装一级漏电保护器，形成两级保护。

三级配电系统

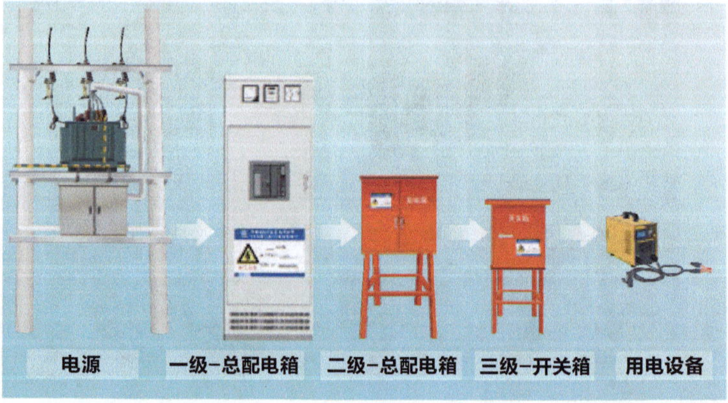

TN-S 接零保护系统

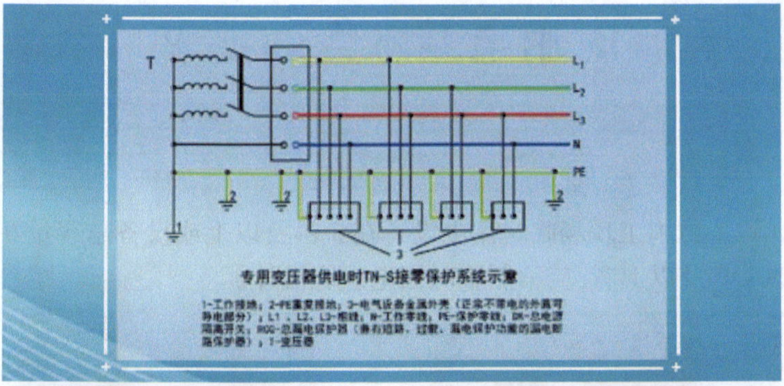

TN-S 系统的作用：①相线碰壳时重复接地可降低零线上的对地电压；②在零线断裂时重复接地可减轻触电的危险；③零线断裂，三相负载不平衡时，重复接地可减轻电气设备的损害程度。

两级漏电保护系统

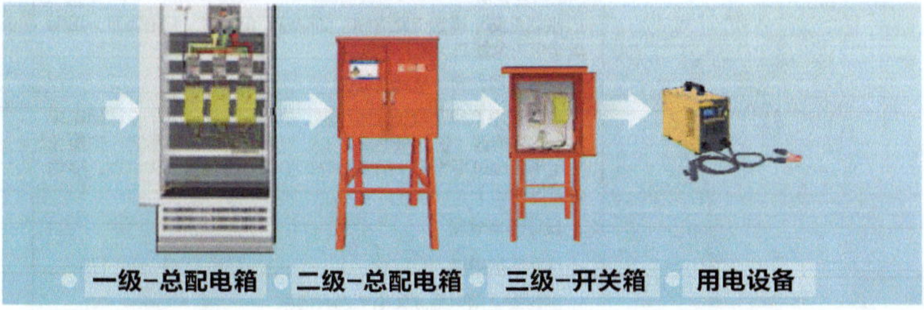

2 PART 临时用电基本管理要求

(1)施工现场临时用电设备在 5 台及以上或设备总容量在 50kW 及以上者，应编制临时用电组织设计。

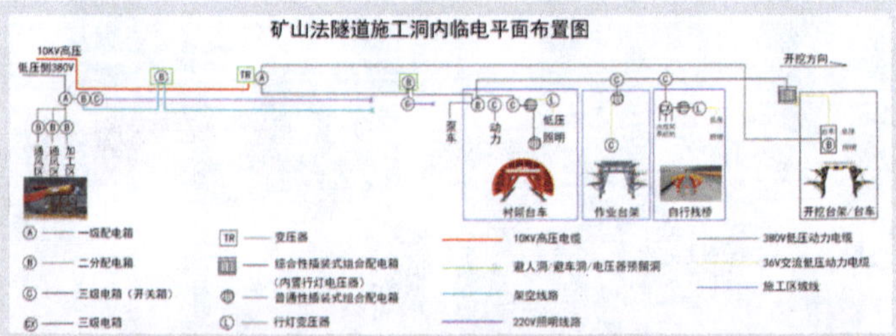

说明：（1-4）

1.掌子面施工区域分台车开挖和台架开挖两种，根据施工情况选择其一，其中台车自带控制箱（须配有断路器和漏电保护器）为末级配电保护；

2.洞口照明开关箱与动力箱分设；洞内分配电箱须分段固定设置，每隔120m或150m固定设置一台，具体方式按标准文件执行；

3.台车、台架等钢构件必须采用36V交流安全电压，所有线缆一律穿管敷设，严禁明线；

4.衬砌台车至掌子面照明灯具采用LED灯，每隔20m设置一盏，功率自定；

5.洞内各施工区域按就近取电原则，如衬砌台车、掌子面、栈桥、开挖台架、多功能台架、抽排水设施等；

6.图中所示的配电箱除综合性插装式组合配电箱外，均为固定设置。

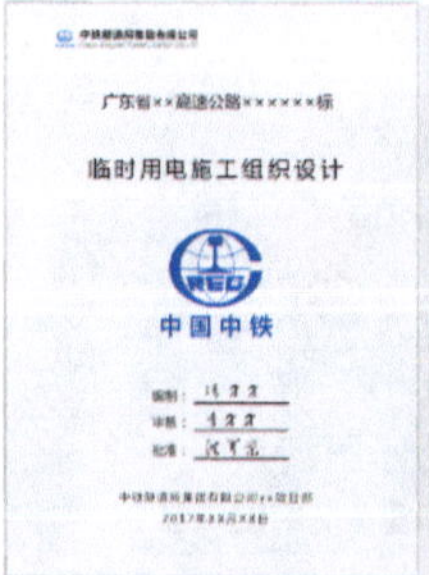
广东省××高速公路××××××标

临时用电施工组织设计

中国中铁

施工现场临时用电组织设计
现场勘测，确定电源进线、变电所或配电室、配电装置、用电设备位置及线路走向
进行负荷计算，选择变压器
设计配电系统（设计配电线路，选择导线或电缆；设计配电装置，选择电器；设计接地装置；绘制临时用电工程图纸—主要包括用电工程总平面图、配电装置布置图、配电系统接线图、接地装置设计图）
设计防雷装置
确定防护措施
制定安全用电措施和电气防火措施

(2)临时用电组织设计必须履行“编制、审核、批准”程序，由电气工程技术人员组织编制，经相关部门审核及具有法人资格企业的技术负责人批准后实施。

电气工程技术人员组织编制　　相关部门审核　　法人资格企业技术负责人批准

(3)临时用电工程应按设计图施工，相关单位共同验收，合格后方可投入使用。

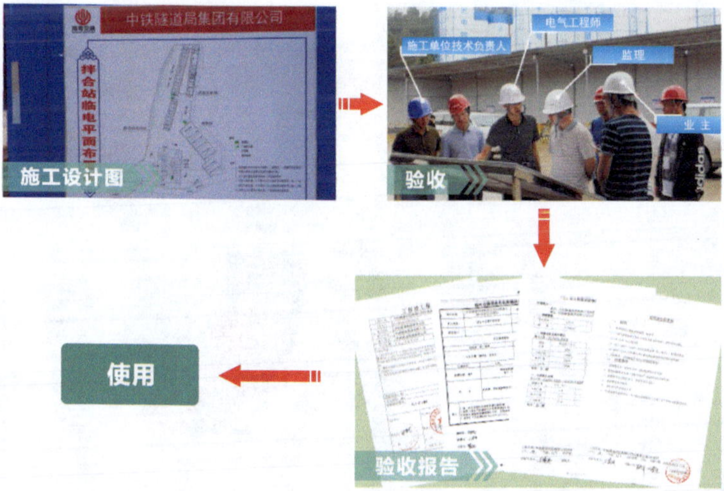

(4)临时用电必须建立安全技术档案,由电气技术人员负责建立与管理。其中“电工安装、巡检、维修、拆除工作记录”可指定电工代管,每周由项目经理审核认可,并应在临时用电工程拆除后统一归档。

安全技术档案内容	用电组织设计的全部资料
	修改用电组织设计的资料
	用电技术交底资料
	用电工程检查验收表
	电气设备的试、检验凭单和调试记录
	接地电阻、绝缘电阻和漏电保护器漏电动作参数测定记录表
	定期检(复)查表
	电工安装、巡检、维修、拆除工作记录

(5)临时用电应定期检查,对安全隐患及时处理,并复查验收。

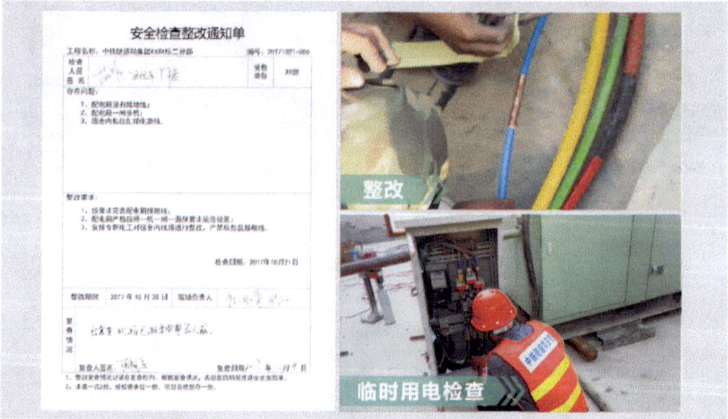

3 PART 电工及用电人员基本要求

3.1 入职要求

	年龄	身体	入场教育	作业资格证书
电工	年满18岁	指定医院体检合格	岗前安全教育培训完成，考核合格，接受安全技术交底	还须取得安监局或住建厅颁发的特种作业证书，并在有效期内
用电人员	年满18岁	指定医院体检合格	岗前安全教育培训完成，考核合格，接受安全技术交底	

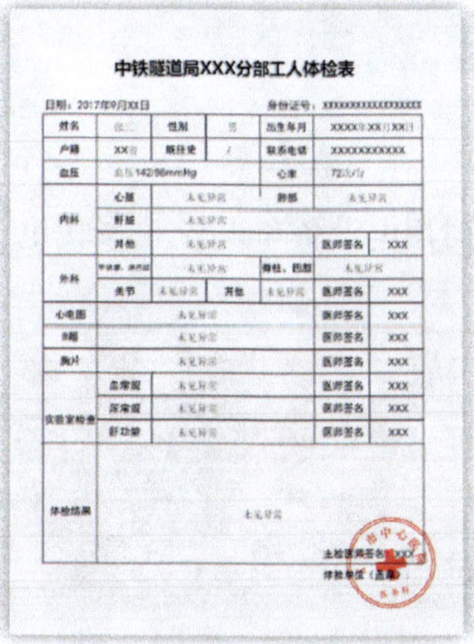

中铁隧道局XXX分部工人体检表

日期：2017年9月XX日　　身份证号：XXXXXXXXXXXXXXXXXX

姓名	张三	性别	男	出生年月	XXXX年XX月XX日
户籍	XX省	既往史	/	联系电话	XXXXXXXXXXX
血压	血压142/98mmHg			心率	72次/分
内科	心脏	未见异常		肺部	未见异常
	肝脏	未见异常			
	其他	未见异常		医师签名	XXX
外科	甲状腺、淋巴结	未见异常		脊柱、四肢	未见异常
	关节	未见异常	其他	未见异常	医师签名 XXX
心电图	未见异常			医师签名	XXX
B超	未见异常			医师签名	XXX
胸片	未见异常			医师签名	XXX
实验室检查	血常规	未见异常		医师签名	XXX
	尿常规	未见异常		医师签名	XXX
	肝功能	未见异常		医师签名	XXX
体检结果	未见异常				

主检医师签名：XXX

体检单位（盖章）

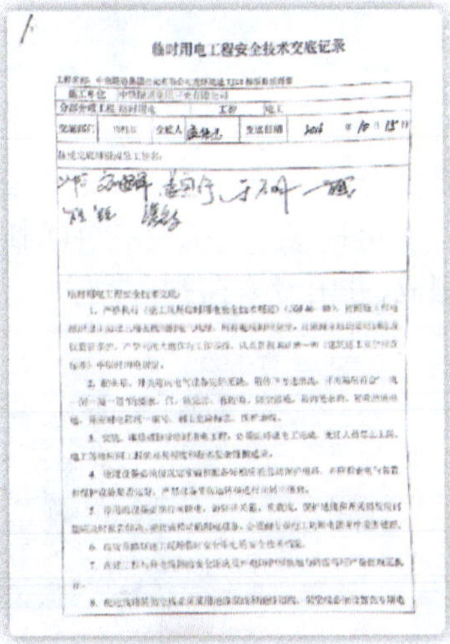

临时用电工程安全技术交底记录

• 电工必须安全培训，经过考核合格，取得特种作业操作证后，方可上岗。

• 用电人员必须经过安全培训和技术交底，考核合格后方可上岗。

安监局颁发证件

住建厅颁发证件

培训

考核

3.2 电工

安装、巡检、维修或拆除临时用电设备和线路，必须由电工完成，并由专人监护。

安装

巡检

3.3 用电人员

用电人员应该符合规定	使用电气设备前必须按规定穿戴和配备相应的劳动防护用品，并检查电气装置和保护设施，严禁设备带病运转
	保管和维护所用设备，发现问题及时报告解决
	暂时停用设备的开关箱必须分断电源隔离开关，并应关门上锁
	移动电气设备时，必须经电工切断电源并做妥善处理后进行

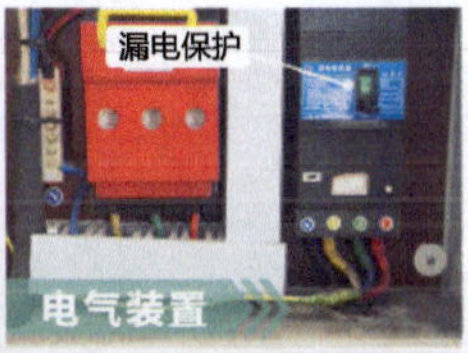

严禁带病运转

4 PART 变配电设施安全要求

(1)配电室应靠近电源及道路畅通的地方,并应符合相关要求。

(2)配电室和控制室应能自然通风,并应采取防止雨水侵入和动物进入的措施。配电室布置应符合相关要求。

配电室布置要求	①配电柜侧面的维护通道宽度不小于1m
	②配电室的顶棚与地面的距离不低于3m
	③配电室内的裸母线与地向垂直距离小于2.5m时,采用遮栏隔离,遮栏下通道的高度不小于1.9m
	④配电装置的上端距顶棚不小于0.5m
	⑤耐火等级不低于3级,室内配置砂箱和可用于扑灭电气火灾的灭火器
	⑥配电室的门向外开,并配锁
	⑦配电室的照明分别设置正常照明和事故照明

(3)配电柜应装设电度表、电压表、电流表,并应装设电源隔离开关及短路、过载、漏电保护电器等安全装置。配电柜应编号并标明用途。

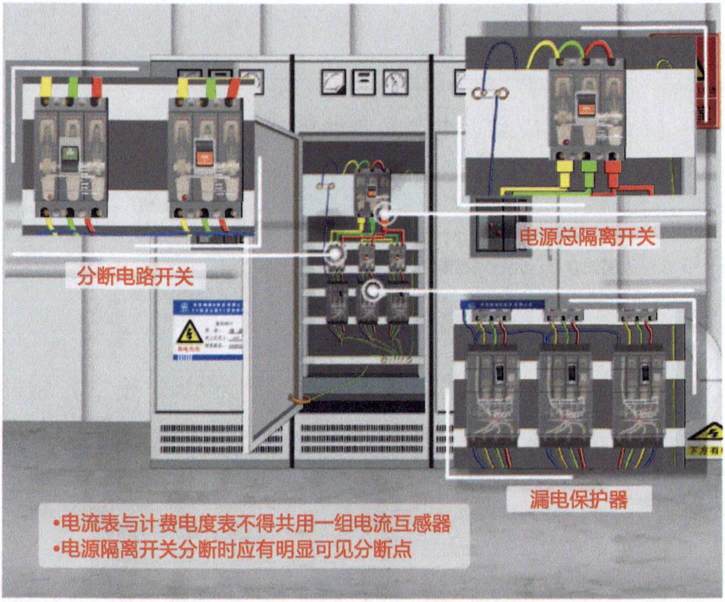

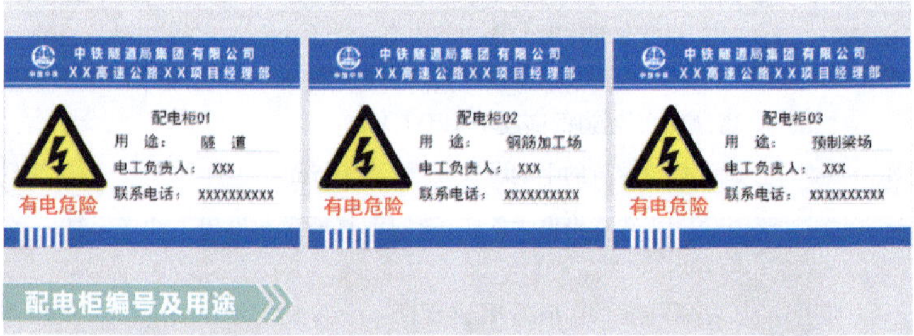

(4)配电柜或配电线路停电维修时,应挂接地线,并应悬挂停电标志牌。停送电必须由专人负责。

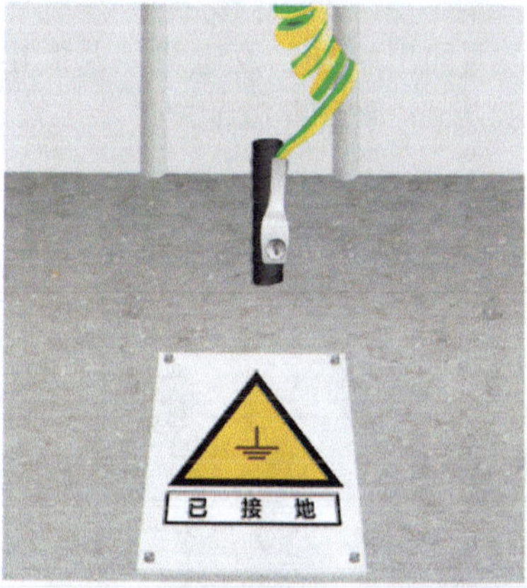

悬挂接地线警示标志　　　　**悬挂停电警示标志**

注:停电标志牌内容为“禁止合闸,有人工作”;停电送电都必须为专职电工,严禁非电工操作。

（5）配电室应保持整洁，不得堆放任何妨碍操作、维修的杂物。

（6）发电机组的排烟管道必须伸出室外。发电机组及配电室内必须配置扑灭电气火灾的灭火器，严禁存放油料。

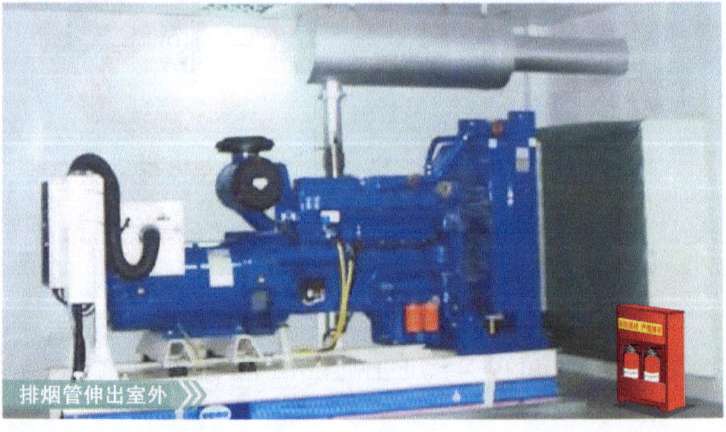

(7)发电机组电源必须与外电线路电源连锁,严禁并列运行。

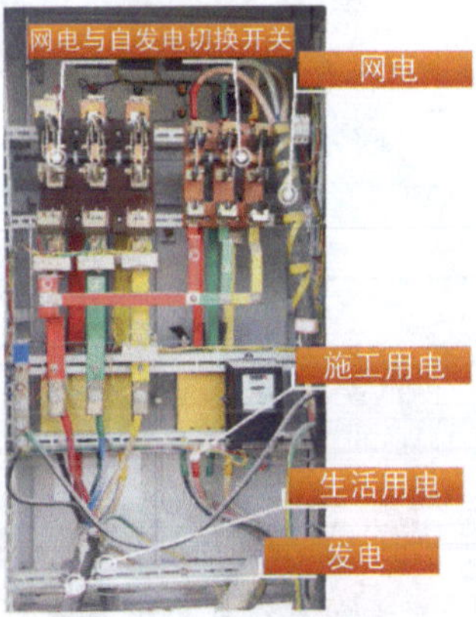

5 PART 配电线路架设要求

（1）电缆线路应采用架空或埋地敷设，严禁沿地面明设，严禁架设在树木、脚手架及其他设施上。

架空线路

埋地电缆

电缆架设在树上

电缆架设在脚手架上

电缆缠绕在护栏上

电缆搭设在钢构件上

沿地面明设

(2)架空线必须采用绝缘导线,架设在专用电杆上,电杆应采用钢筋混凝土杆或木杆,其质量和埋设深度符合要求。

钢筋混凝土杆架设

木杆架设

注:电杆埋设深度宜为杆长的 1/10 加 0.6m,回填土应分层夯实。在松软土质处宜加大埋入深度或采用卡盘等加固;钢筋混凝土杆不得有露筋、宽度大于 0.4mm 的裂纹和扭曲;木杆不得腐朽,其杆径不应小于 140mm。

（3）直线杆应采用针式绝缘子，耐张杆采用蝶式绝缘子。

（4）架空线路的档距不得大于35m，线间距不得小于0.3m，靠近电杆的两导线的间距不得小于0.5m，架空线路与邻近线路或固定物的距离应符合要求。

<table>
<tr><th>项目</th><th colspan="7">距离类别</th></tr>
<tr><td rowspan="2">最小净空距离（m）</td><td colspan="2">架空线路的过引线、接下线与邻线</td><td colspan="2">架空线与架空线电杆外缘</td><td colspan="3">架空线与摆动最大时树梢</td></tr>
<tr><td colspan="2">0.13</td><td colspan="2">0.05</td><td colspan="3">0.50</td></tr>
<tr><td rowspan="3">最小垂直距离（m）</td><td rowspan="2">架空线同杆架设下方的通信、广播线路</td><td colspan="3">架空线最大弧垂与地面</td><td rowspan="2">架空线最大弧垂与暂设工程顶端</td><td colspan="2">架空线与邻近电力线路交叉</td></tr>
<tr><td>施工现场</td><td>机动车道</td><td>铁路轨道</td><td>1kV以下</td><td>1～10kV</td></tr>
<tr><td>1.0</td><td>4.0</td><td>6.0</td><td>7.5</td><td>2.5</td><td>1.2</td><td>2.5</td></tr>
<tr><td rowspan="2">最小水平距离（m）</td><td colspan="2">架空线电杆与路基边缘</td><td colspan="2">架空线电杆与铁路轨道边缘</td><td colspan="3">架空线边线与建筑物凸出部分</td></tr>
<tr><td colspan="2">1.0</td><td colspan="2">杆高（m）+3.0</td><td colspan="3">1.0</td></tr>
</table>

（5）电缆直接埋地敷设的深度不应小于0.7m，并应在电缆周围均匀敷设不小于50mm厚的细沙，然后覆盖硬质保护层，设方位标志。

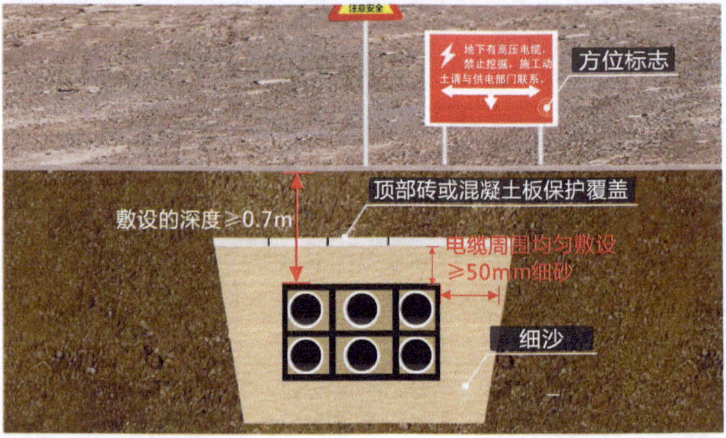

（6）埋地电缆在穿越建（构）筑物、道路、易受机械损伤、介质腐蚀场所，必须加设防护套管。

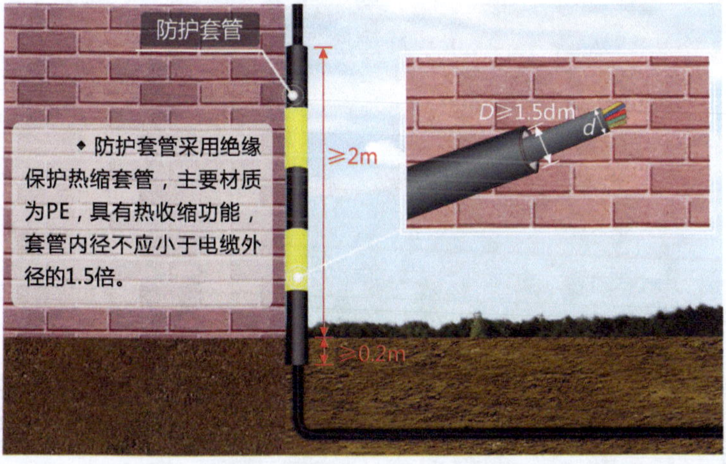

(7)架空电缆应沿支架或墙壁敷设,并采用绝缘子固定,绝缘线绑扎,敷设高度符合要求。

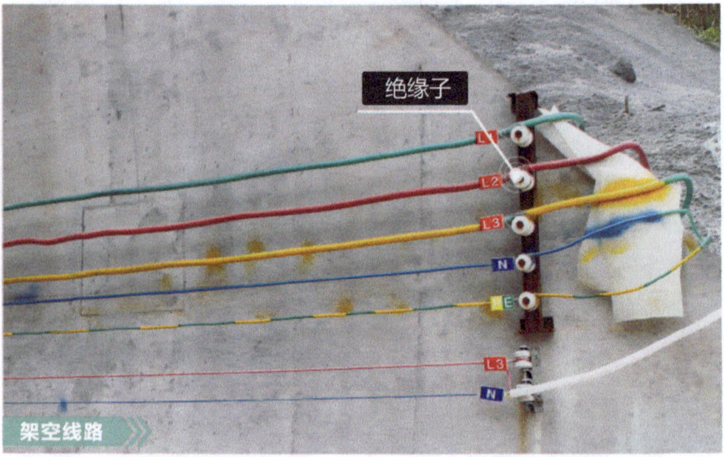

架空线路

桥梁架空线路

(8)室内配线应根据配线类型采用瓷瓶、瓷(塑料)夹、嵌绝缘槽、穿管或钢索敷设。室内非埋地明敷主干线距地面高度不得小于2.5m。

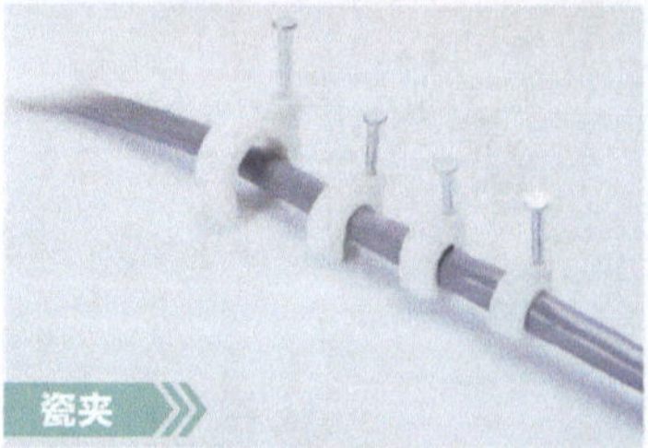

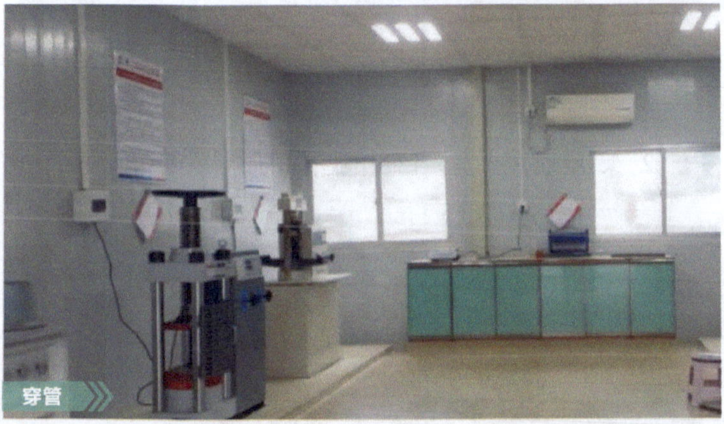

6 PART 外电线路防护要求

(1)在建工程不得在外电架空线路正下方施工、搭设作业棚、建造生活设施或堆放构件、架具、材料及其他杂物等。

(2)架空线路与周边各种作业、标的物安全距离要求。

在建工程(含脚手架)的周边与架空线路的边线之间最小安全操作距离					
外电线路电压等级(kV)	<1	1~10	35~110	220	330~500
最小安全操作距离(m)	4	6	8	10	15

注:上、下脚手架的斜道不宜设在有外电线路的一侧。

施工现场的机动车道与架空线路交叉时的最小垂直距离			
外电线路电压等级(kV)	<1	1~10	35
最小垂直距离(m)	6	7	7

注:上、下脚手架的斜道不宜设在有外电线路的一侧。

起重机与架空线路边线的最小安全距离							
电压等级(kV) 安全距离(m)	<1	10	35	110	220	330	500
沿垂直方向	1.5	3	4	5	6	7	8.5
沿水平方向	1.5	2	3.5	4	6	7	8.5

施工现场开挖沟槽边缘与外电埋地电缆沟槽边缘之间的距离不得小于0.5m。

起重机严禁越过无防护设施的外电架空线路作业。

7 PART 配电箱及开关箱安全要求

(1)配电系统应设置配电柜或总配电箱、分配电箱、开关箱,配电箱、开关箱应布局合理,装设端正、牢固。

配电系统宜使三相负荷平衡。220V或380V单相用电设备宜接入220/380V三相四线系统;当单相照明线路电流大于30A时,宜采用220/380V三相四线制供电。

一级-总配电箱

二级-分配电箱

三级-开关箱

用电设备

固定式配电箱、开关箱的中心点与地面的垂直距离应为1.4~1.6m。

移动式配电箱、开关箱其中心点与地面的垂直距离宜为0.8~1.6m。

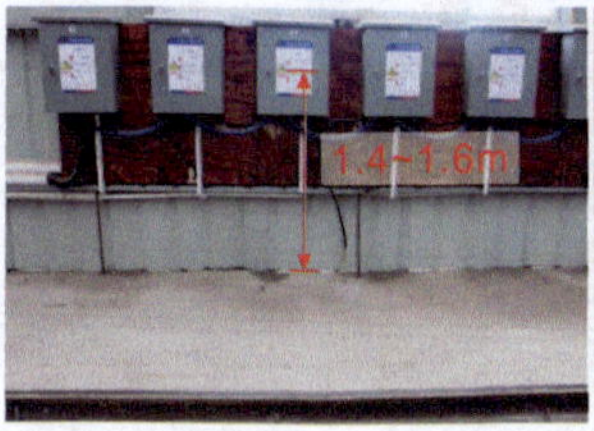

(2)配电箱、开关箱应有名称、用途、分路标记及系统接线图。箱体外形结构应能防雨、防尘。

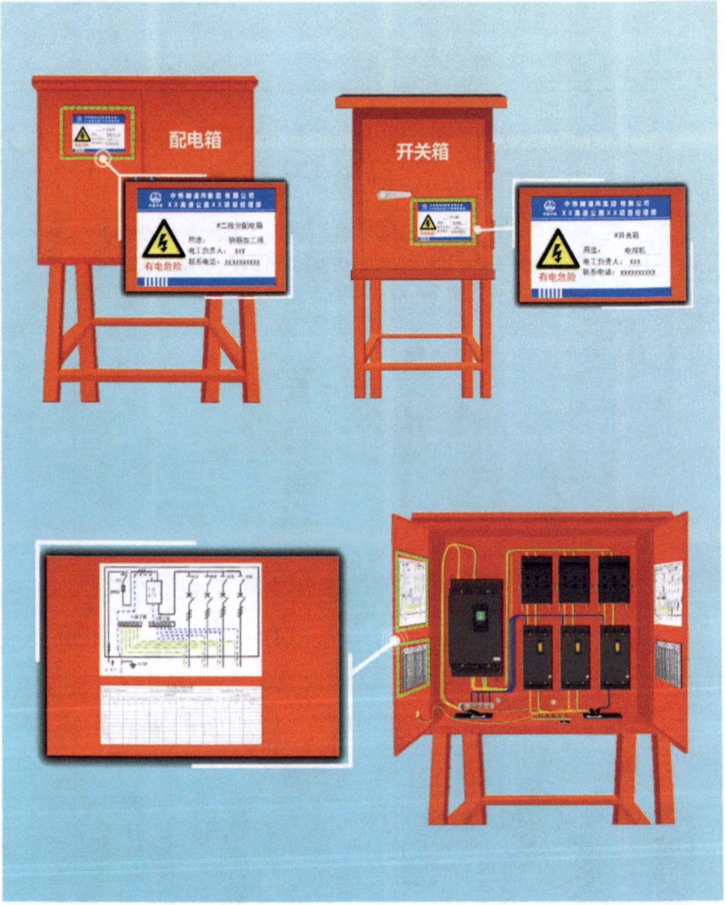

(3)配电箱、开关箱箱门应配锁,并应由专人负责,箱内不得放置任何杂物,并应保持整洁。

施工现场停止作业 1h 以上时,应由专职电工将动力开关箱断电上锁。

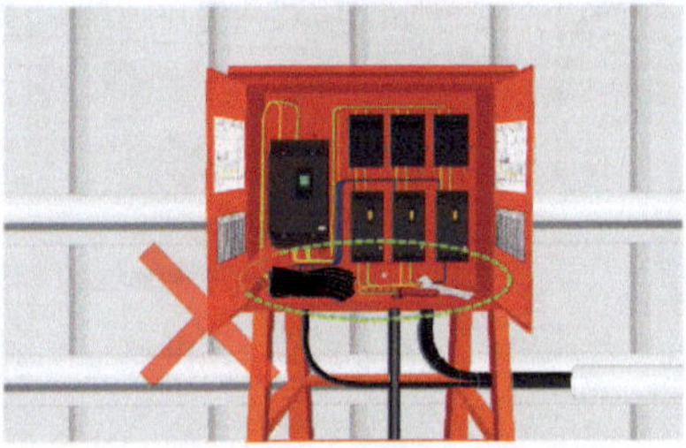

(4)漏电保护器每天使用前应启动漏电试验按钮试跳一次,试跳不正常时严禁继续使用。

(5)配电箱、开关箱应定期由专业电工检查、维修,并做好检查、维修工作记录,检查、维修时严禁带电作业。

中铁隧道局集团有限公司XXXX项目配电箱自检记录表

配电箱编号：XXXXX

2017.3	检查项目						检查人	复检记录
	接地线	断路器	漏电开关	隔离开关	接零保护	门锁		
1							XXX	
2	✓	✓	✓	✓	✓	✓	XX	
3	✓	✓	✓	✓	✓	✓	XXX	
4	✓	✓	✓	✓		✓	XX	
5	✓	✓		✓	✓	✓	XXX	
6	✓	✓	✓	✓	✓	✓	XX	
7								
8								
9								
10								
11								
12								
13								
14								
15								
16								
17								
18								
19								
20								
21								
22								
23								
24								
25								
26								
27								
28								
29								
30								
31								

复检人：XXX　　安全员：XXX

8 PART 照明安全要求

(1)现场照明应采用高光效、长寿命的光源。

隧道照明

桥梁照明

(2)对需大面积照明的场所,应采用高压汞灯、高压钠灯等。

高压汞灯是玻壳内表面涂有荧光粉的高压汞蒸汽放电灯,柔和的白色灯光,结构简单。低成本、低维修费用,可直接取代普通白炽灯,具有光效高、寿命长、省电经济的特点,适用于工业照明、泛光照明、仓库照明、街道照明、泛光照明、安全照明灯。

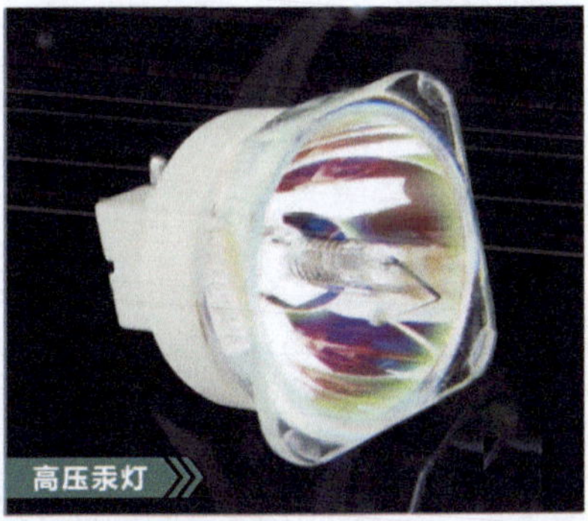

高压汞灯

高压钠灯使用时发出金白色光，具有发光效率高、耗电少、寿命长、透雾能力强和不锈蚀等优点。广泛应用于道路、高速公路、机场、码头、船坞、车站、广场、街道交汇处、工矿企业、公园、庭院照明及植物栽培。高显色高压钠灯主要应用于体育馆、展览厅、娱乐场、百货商店和宾馆等场所照明。

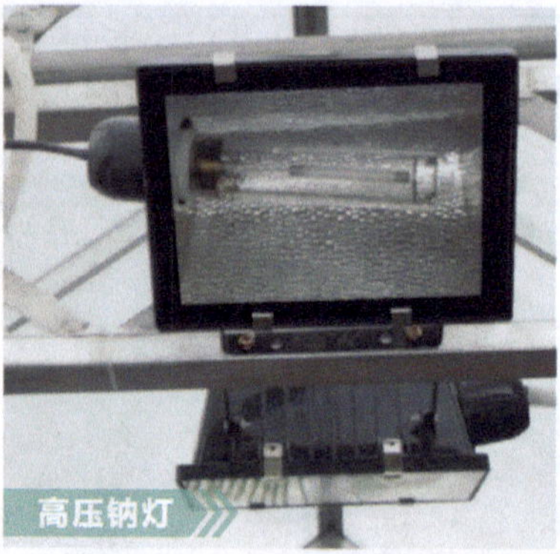
高压钠灯

(3)照明器的选择必须按环境确定，特殊场所应使用安全特低压照明器。

照明器选择按环境条件确定	①正常湿度一般场所，选用开启式照明器
	②潮湿或特别潮湿场所，选用密闭型防水照明器或配有防水灯头的开启式照明器
	③含有大量尘埃但无爆炸和火灾危险的场所，选用防尘型照明器
	④有爆炸和火灾危险的场所，按危险场所等级选用防爆型照明器
	⑤存在较强振动的场所，选用防振型照明器
	⑥有酸碱等强腐蚀介质场所，选用耐酸碱型照明器

特殊环境照明要求	①隧道、人防工程、高温、有导电灰尘、比较潮湿或灯具离地面高度低于 2.5m 等场所的照明，电源电压不应大于 36V
	②潮湿和易触及带电体场所的照明，电源电压不得大于 24V
	③特别潮湿场所、导电良好的地面、锅炉或金属容器内的照明，电源电压不得大于 12V

（4）照明灯具的金属外壳必须与 PE 线相连接，照明开关箱内必须装设隔离开关、短路与过载保护器和漏电保护器。

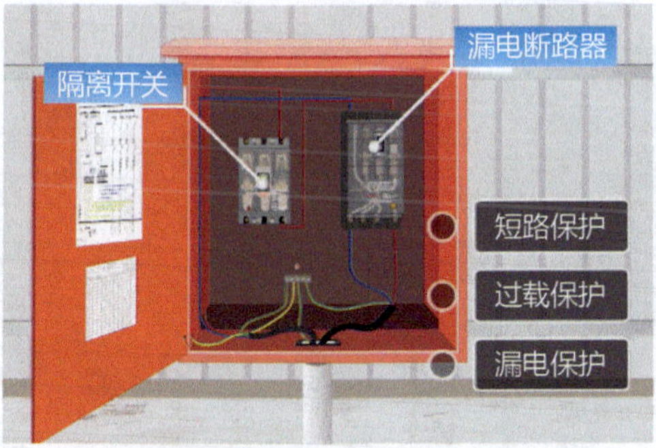

(5)灯具的相线必须经开关控制,不得将相线直接引入灯具。

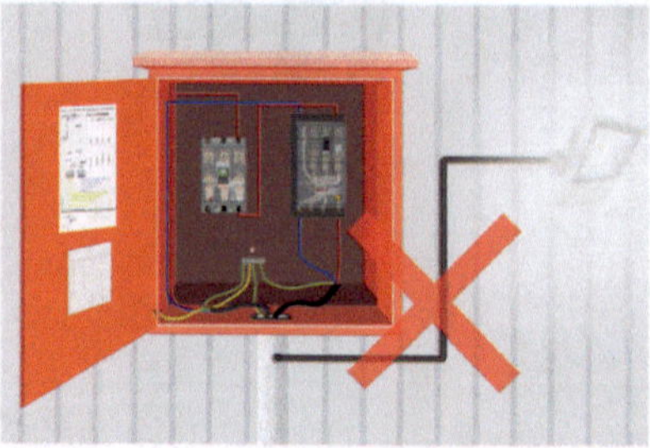

(6)高热灯具(聚光灯)与易燃物距离不宜小于50cm,且不得直接照射易燃物。

(7)停电后,操作人员需及时撤离的施工现场,必须装设自备电源的应急照明。

(8)对夜间影响飞机或车辆通行的在建工程(悬索桥索塔)及机械设备(塔吊),必须设置醒目的红色信号灯,并应配置应急电源。

9 PART 用电设备安全要求

(1)施工现场的电动机械和手持式电动工具应有可靠的用电安全装置,执行专人专机负责制。

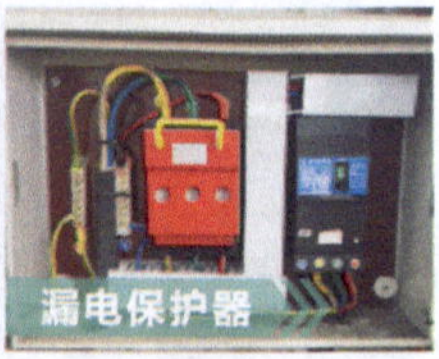

(2)机械的负荷线必须采用耐气候型橡皮护套铜芯软电缆,并不得有任何破损和接头。

(3)手持电动工具使用前必须进行外观、绝缘和空载检查，在绝缘合格、空载运转正常后方可使用。

(4)塔式起重机、施工电梯、通风机及空压机等用电设备除应连接 PE 线外，还应做重复接地。

PE线

接地

(5)采用塑料外壳的Ⅱ类手持电动工具和一般场所中的Ⅲ类手持电动工具如下。

手持电动工具分类		
类别	概　念	带点零件与外壳之间绝缘电阻（兆欧）
一类	一类工具是防止触电的保护方面不仅依靠基本绝缘,而且它还包含一个附加的安全预防措施,其方法是将可触及的可导电的零件与已安装的固定线路中的保护(接地)导线连接起来,以这样的方法来使可触及的可导电的零件在基本绝缘损坏的事故中不成为带电体	2
二类	在防止触电的保护方面不仅依靠基本绝缘,而且它还提供双重绝缘或加强绝缘的附加安全预防措施,没有保护接地或依赖安装条件的措施	7
三类	在防止触电的保护方面依靠由安全特低电压供电和在工具内部不会产生比安全特低电压高的电压	1

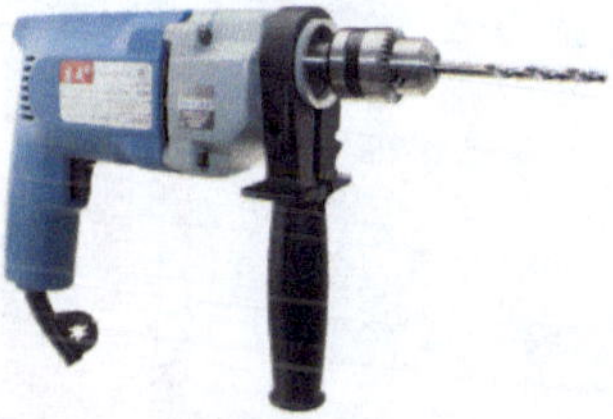

其额定电压超过50V。外壳有金属和非金属两种,但手持部分是非金属,非金属处有“回”符号标志。

其额定电压不超过50V。工具外壳均为全塑料。

(6)用电设备进行清理、检查、维修时,必须先将其开关箱分闸断电,再关门上锁,并悬挂维修标示牌。

施工现场临时用电安全口诀

施工临电编方案　按图施工是关键
三级配电两级保　一机一闸一漏保
专业技术专人管　定期检查排隐患
线路架设要规范　防护距离不可超
设备检查需挂牌　监护人员莫离开
安全用电不放松　人人有责记心中